> ぼくたち三兄弟が
> この本をあんないするよ。
> どうぞよろしく！

 一平ちゃん  それぞれのページのねらいをわかりやすく説明するよ。

 二郎くん  ひとつひとつ、ぼくがわかりやすく教えてあげるね。

三吉さん  ナゾやギモンになんでも答えるよ。

クワガタムシやカブトムシのすみか … 36

こう虫のふしぎ

こう虫のくらし ① シロスジカミキリ …… 38
　　　　　　　　ナナホシテントウ …… 39
こう虫のくらし ② ゲンジボタル ……… 40
　　　　　　　　ヒメクロオトシブミ … 41
日本のこう虫ずかん ① ……………… 42
日本のこう虫ずかん ② ……………… 44
世界のこう虫ずかん ………………… 46

つかまえよう！かってみよう！

クワガタムシとカブトムシのつかまえ方、かい方 … 48

あとがき …………………………… 50
さくいん …………………………… 51

クワくん　ガタちゃん

トムくん　カブちゃん

> つぎのページからはじまるよ

> こんにちわ

こう虫の世界へようこそ！

こん虫の中でも、体がかたい皮ふでおおわれていて、前羽もかたくなっているなかまを、こう虫（甲虫）というんだ。みんなの大好きなクワガタムシ・カブトムシをはじめ、こう虫のふしぎな世界をのぞいてみよう！

ハンミョウ

ナナホシテントウ

カブトムシ

いったいなにかしら

おもしろいかおだね

びっくりした〜

オオセンチコガネ

ミヤマクワガタ

クシヒゲベニボタル

シロスジカミキリ

すご〜い

クワガタムシのひみつ

大きなハサミのように見えるけど、じつは大アゴなんだ。

すごい力でつかむことができるんだよ。ほかのこう虫のなかまたちといっしょに、ぞう木林にすんでいるんだ。

*ぞう木林
　いろいろな種類の木があつまって、はえている林のことだよ。

クワガタムシの大アゴに、はさまれたらどうすればいいの？

むりに引っぱったらだめだよ。そのまま水につけるか、やさしくいきをふきかけると、はなしてくれるよ。

大アゴは、はさみみたいに切ることができるの？

オスの大アゴは、ものをはさむのがとくいだけど、メスの大アゴは、ものをかみ切ることができるんだ。せまいところにオスとメスをいっしょにしておくと、メスがオスの足をかみ切ってしまうこともあるんだよ。

① ノコギリクワガタどうしが近づいてきたよ。どちらもにげそうにないね。

② おたがいの大アゴをがっちり組んで、にらみ合いがはじまった！

③ 体をはさんで、相手をもち上げた方がかちなんだよ。

どうしてメスの大アゴは小さいの？

オスのようにケンカをするひつようがないし、かくれやすいからだよ。それに大アゴが小さいとタマゴをうむあなをほりやすいんだ。大きすぎるとじゃまになるからね。

からだのしくみ

クワガタムシの体にはふしぎなものがいっぱいつまってるんだ。24・25ページのカブトムシの体とくらべてみると、ちがいがよくわかるよ。

- 目
- 前足
- 中足
- ツメ
- 大アゴ
- 口
- しょっかく
- 前羽
- トゲ
- 後ろ足

よ〜くみてみよう

どうして「クワガタムシ」とよぶの？

むかしの人がいくさで使った「かぶと」についている「くわがた」というかざりに、アゴの形がにているからなんだ。

くわがた

しょっかく

しょっかくはムシの
アンテナだよ。
ここでえさやメスのにおいをかぎわけるんだよ。人間でいうと鼻にあたるんだ。

ブラシみたいに、
たくさん毛がはえてるよ。
オレンジ色の毛を出したり入れたりして、上手に木のしるなどをすうよ。

口

横から見たところ

ほら、こんなに
平べったいんだ。
木の皮やせまいあなにもぐりこむのにべんりなんだよ。

カブトムシと
くらべてみよう

顔はカブトムシ
より大きいんだ。
カブトムシとくらべてクワガタムシは、アゴが大きいぶん、顔も大きいんだよ。

羽

前羽と後ろ羽があるんだ。
前羽は体を守るために、かたくできてるんだ。
後ろ羽は、うすくて、とぶときに広げるよ。

顔

9

クワガタムシのくらし

ぞう木林にいて、他の虫たちといっしょにすんでいるよ。
昼でも見られるけど、夜になると元気よく動きまわるんだ。
ぼくたち人間と反対だね。

おいしそう〜

木のしるってあまいの？どんな味がするの？
あまずっぱいにおいはするけど、なめてもあまくはないよ。でも虫たちは大好きなんだ。

オスはメスを守ってあげるんだよ。
オスはメスが木のしるを食べやすいように、他の虫たちから守ってあげるんだ。とってもやさしいんだね。

クワガタムシは空をとべるの？

体をおこすようにして、バランスをとりながら上手にとぶよ。夜の8時から10時くらいの間に、ぼうの先などにとめるととび立つよ。ためしてみよう。

よる

ゆうがた

おはよう！

木から落ちてきたクワガタムシ。死んでしまったの？

木をけったりゆらしたりすると、キケンをかんじて地上に落ちてくるんだ。じつは死んだふりをして相手をだますのは、クワガタムシのとくいワザで、カブトムシにはない方法なんだ。木を軽くけるのは、クワガタムシをとる一番かんたんな方法でもあるんだよ。

クワガタムシの活動はんい

夕方になると起きだして、木のこずえからおりてきたり、木の皮の間やあなからはいだしてくるよ。カブトムシとどうちがうかな？ 26・27ページを見てくらべてみよう。

クワガタムシの成長 ①

ノコギリクワガタの成長を順番に見てみよう。

カブトムシよりも長い間、土の中ですごすんだよ。
カブトムシと比べてみるとおもしろいよ。どこが同じでどこがちがうかな?

1年め

夏

交び

7月から8月、ノコギリクワガタのオスとメスは、木のしるの出る木で交びをするよ。

さんらん

メスはくさった木をさがしてあなをほり、ひとつずつタマゴをうむんだ。

まぁかわいい!

秋

ふ化

約3週間後に、タマゴから幼虫がかえるよ。生まれたばかりの幼虫はまっ白。しばらくすると頭の方が茶色になったよ。

タマゴ

くさった木の中にうみつけられたタマゴ。長い方の直径は2ミリほどしかなかったけど、土の水分をふくんでだんだん大きくなるんだ。

うまれた直後の大きさ → ふ化直前の大きさ

（たまご〜幼虫）

すがたが かわってきたね

2年め

冬　春　夏

幼虫

くさった木を食べて大きくなるよ。2回だっぴをくりかえし、そのたびに大きくなっていくんだ。

*1れい幼虫の じっさいの大きさ

1回目のだっぴ

*2れい幼虫の じっさいの大きさ

2回目のだっぴ

*3れい幼虫の じっさいの大きさ

木の中は、幼虫が食べすすんだ道ができているんだよ。

よう化

1

さなぎの部屋（よう室）をつくりはじめたよ。体をのびちぢみさせているんだ。

2
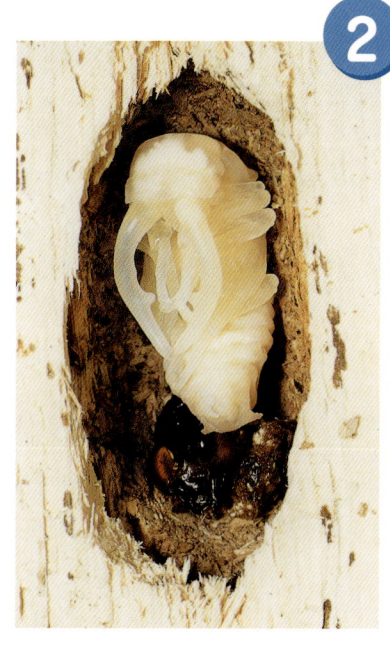

頭の先から大アゴが出てきたよ。ズボンをおろすように皮をぬぎ、まっ白な体になったね。

タマゴから大人になるまで、どのくらいかかるの？

ノコギリクワガタの場合、大人になるまでに、まる2年もかかるよ。大人（成虫）の形になってからも、くさった木や土の中で約1年間じっとしてるんだよ。

クワガタムシの成長 ②

2年め

夏

さなぎ

白からオレンジ色へと変わっていくよ。まったく動かなくなったよ。

羽化

1

さなぎになってから3週間たったよ。体がすこしずつ黒くなってきたね。

2

足をゆっくり動かしながら、皮を後ろへぬいでいくんだ。

3

前羽は白く、だんだん大人の体に近づいてきたよ。

ガンバレ！ガンバレ！

羽化の時間ってどれくらい？

羽化にかかる時間は1〜2時間だけど、体が色づいてかたくなるには羽化してから3〜4時間、体が完全に固まるまでは1ヵ月以上もかかるんだよ。

（さなぎ〜成虫）

3年め
秋　冬　春　夏

④
前羽の下から後ろ羽をのばし、羽をきれいにたたみはじめたよ。

成虫

① だんだん色がこくなっていくよ。なかなか外に出てこないんだ。出るまで約1年もかかったよ。

ヤッター！

② タマゴがかえってから3年めの夏に、大人になって、木の中からようやく出てきたよ。

15

日本のクワガタムシずかん

日本にはたくさんの種類のクワガタムシがすんでいるよ。同じ種類でもすんでいるところによって、形や大きさがちがうこともあるんだ。

ノコギリクワガタ▶
① 約36〜71ミリ
② 全国
③ 日本で一番知られているクワガタムシだよ。

◀チビクワガタ
① 約11〜15ミリ
② 本州、四国、九州
③ 小さいけれどツヤがあり、クワガタらしく光る体がとくちょうだよ。

アマミノコギリクワガタ▶
① 約30〜80ミリ
② 奄美諸島など
③ ミカン類の木によくあつまるよ。

長生き日本一

オオクワガタ▲
① 約32〜72ミリ
② 全国
③ 日本のクワガタの中では一番大きくて長生きするよ。5月〜9月にかけてよく見られるんだ。

◀ルイスツノヒョウタンクワガタ
① 約13〜16ミリ
② 奄美諸島、沖縄
③ 大人になっても木の中でくらし、くさった木にあつまるんだ。

① 体長（体の大きさ）
② すんでいるところ
③ とくちょう

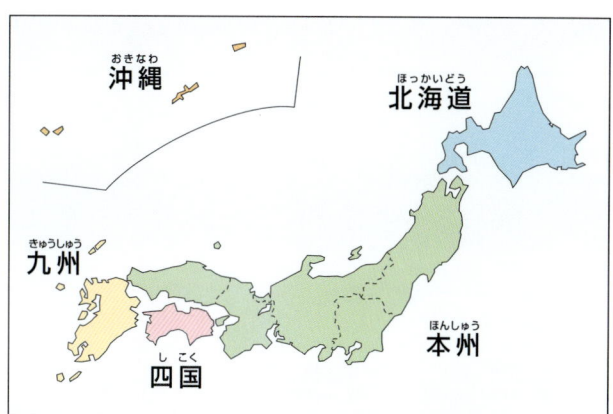

◀ タテヅノマルバネクワガタ
① 約45〜60ミリ
② 奄美諸島、八重山諸島
③ 9月〜11月にかけて、地上を歩いているところが見られるよ。

キンオニクワガタ ▶
① 約20〜37ミリ
② 対馬
③ 日本では長崎県の対馬にしかいないんだ。クヌギやコナラにあつまるよ。

ミヤマクワガタ ▶
① 約43〜72ミリ
② 全国
③ オオクワガタと同じくらい大きく、昼でも活動するんだ。山でよく見られるよ。

◀ ヒラタクワガタ
① 約39〜61ミリ
② 本州、四国、九州
③ 平たく、がっちりした体つきをしているよ。

◀ コクワガタ
① 約16〜45ミリ
② 全国
③ ノコギリクワガタとならんでよく見る種類なんだ。木のみきのあなや、根元にすんでいるよ。

日本には何種類のクワガタムシがいるの？

北海道から南の島まで入れると、70種類をこえるクワガタムシがすんでいるよ。日本には森や林がたくさんあるからなんだね。

世界のクワガタムシずかん

世界には、いろいろな形や色をした珍しいクワガタムシがいるよ。

ニジイロクワガタ ▶
① 約60ミリ
② オーストラリア
③ きれいな色の体をもった、めずらしいクワガタムシなんだ。

◀ パプアキンイロクワガタ
① 約50ミリ
② パプアニューギニア、オーストラリア
③ 緑がかった金色の美しい体をしているよ。

とても珍しい

▲ ケブカシワバネクワガタ
① 約34ミリ
② エクアドル（南米）
③ コガネムシのような体つきだよ。ケンカはあまり強くないんだ。

メンガタクワガタ ▶
① 約50ミリ
② アフリカ西部・中部
③ あたまが大きく、むねのところにもようがついているよ。

ケンカが強い！

◀ アカアシツヤクワガタ
① 約70ミリ
② マレーシア（東南アジア）
③ 前羽の色が体の色よりもうすいんだ。ケンカが強いぞ。

クロツヤオオクワガタ ▶
① 約70ミリ
② 中央アフリカ
③ がっちりとして、ピカピカ光っているように見えるんだ。

① 体長（体の大きさ）
② すんでいるところ
③ とくちょう

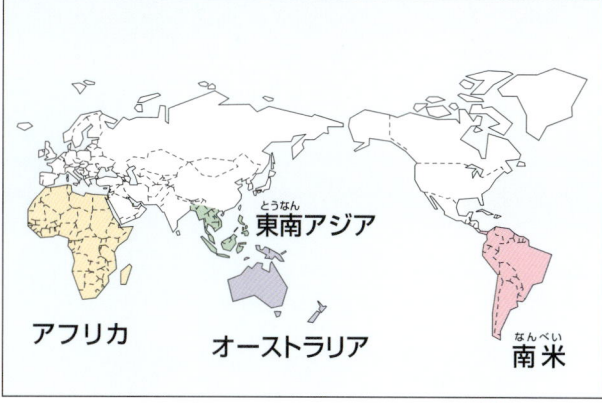

◀ シカクワガタ
① 約45ミリ
② 台湾（アジア）
③ 大アゴの形がシカににているので、この名前がついたんだ。

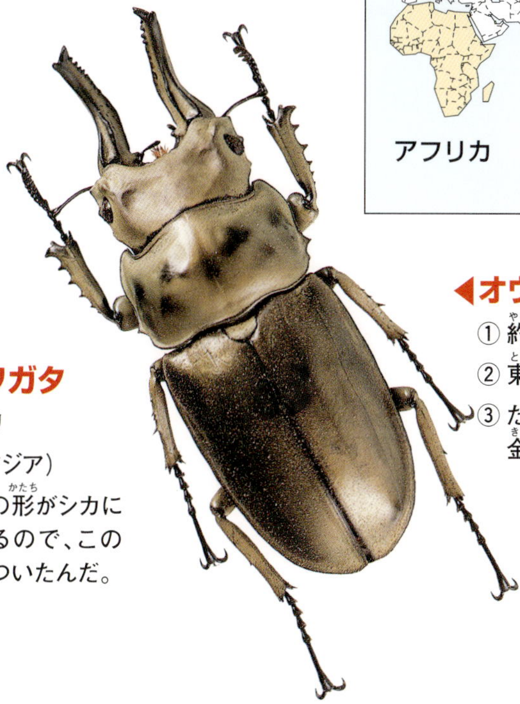

◀ オウゴンオニクワガタ
① 約60ミリ
② 東南アジア
③ たいへんめずらしい種類のひとつだよ。金色にかがやく体をもっているよ。

▼ オオキバノコギリクワガタ
① 約118ミリ
② 東南アジア
③ 世界で一番大きなクワガタムシなんだ。

◀ グラントチリクワガタ
① 約65ミリ
② チリ、アルゼンチン（南米）
③ 細くて長い大アゴをもっているよ。

19

クワガタムシびっくり情報

 **メスのアゴの力はものすごく強いんだ。**
オスにくらべると、メスのアゴは小さいけれど、力の強さはオスに負けてないよ。アゴでくさった木にあなをあけて、タマゴをうまないといけないからね。

 **同じ種類でも大きさがちがうんだ。**
こんなに形がちがうのに、どちらもノコギリクワガタのオスなんだ。幼虫時代のエサによって、同じ種類でもアゴの形がかわることもあるんだよ。幼虫のときにエサが少ないと小さくなるんだ。

 **クワガタムシは世界に1200種類もいるよ。**
このずかんにのっているのは、ほんの一部なんだ。外国の虫を買ったりもらったりしたら、おうちの中できちんとかおうね。外ににがしてしまうと、日本の虫たちが食べられたりしてこまってしまうよ。

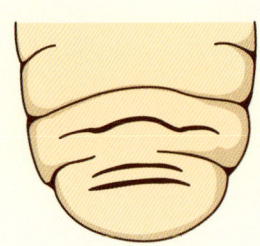 
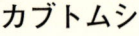 カブトムシ　　クワガタムシ

 **これが、クワガタムシとカブトムシの幼虫のちがい。**
幼虫のときはおたがいによくにているけど、おしりの形が少しちがうよ。クワガタムシのおしりはアルファベットのYの形になっていて、両がわにまるいもようがついてるんだ。

あまり知られていないクワガタムシのようすや、びっくりするような話がいっぱいあるよ。これをおぼえたら、キミも「クワガタはかせ」まちがいなし！

クワガタムシ
カブトムシ

足は細くてツルツルなんだ。

カブトムシの足は太くて、トゲや毛がたくさんはえているんだ。木のみきにしがみつく力は、カブトムシの方が強いよ。

クワガタムシは、カブトムシより長生きするんだ。

オオクワガタ、ヒラタクワガタだと、4年も生きることができるけど、カブトムシはふつう1年くらいで死んでしまうんだよ。

血は流れてるけど、赤くはないんだよ。

とうめいに少し色がついたような血液が、体中に流れているんだ。足や大アゴにもちゃんと流れているんだよ。

こう虫のなかまに骨はないよ。

人間のような骨はなく、そのかわりにかたい皮で体をささえているんだよ。クワガタムシやカブトムシなどのこう虫は、こん虫の中でも一番かたい体をもっているんだ。

カブトムシのひみつ

カブトムシは、こう虫のなかで一番体が大きくて、力もちなんだ。

オスにはりっぱなツノがあって、ケンカをするときは、このツノで相手をなげとばすんだよ。

よろいのようで、かっこいいカブトムシの長いツノ。

これは、体の皮がかたくなってできているんだ。頭をうごかすとツノも上下にうごくよ。

背中からはえている、小ツノ。

短い方のツノがあるのは、頭のように見えるけど、じつは背中なんだ。長いツノとちがって、うごかすことはできないよ。

どうしてメスにはツノがないの？

タマゴをうむとき、土などにもぐりやすくするためなんだ。だから、木のしるをすうときは、オスよりも木の皮の間に頭をつっこみやすいんだよ。

① オスどうしはよくケンカをするんだ。
おたがいにツノをむけあって、
たたかいがはじまるよ。

ツノがおれてしまったら、どうなるの？

たたかっていて、ツノがおれることはめったにないんだ。でも、たとえツノがおれたとしてもあんまり心配しないで。ツノがなくてもカブトムシは生きてゆけるんだよ。

② うごきをよく見て、長いツノを相手の体の下に入れようとしているよ。

ガンバレー！

③ ほら、下からいきおいよくもちあげた。
体がういて、なげとばされた方がまけなんだよ。

からだのしくみ

カブトムシの体をよく見てみると、びっくりするようなひみつがかくされているよ。それぞれの部分はどんなはたらきをするのか、じっくりかんさつしてみよう。

- 長いツノ
- しょっかく
- 小ツノ
- トゲ
- 中足
- ツメ
- 目
- 前足
- 前羽
- 後ろ足

どうして「カブトムシ」とよぶの？

むかしの人がいくさでつかった「かぶと」に、にていることからこの名前がついたんだよ。

ぼくってカッコイイ？

メスどうしはケンカをしないの？

メスはタマゴをうむために、とおくまでとぶためのエネルギーを、たくわえなくちゃいけないんだ。だから、よけいなケンカはしないし、オスのようなツノもいらないんだよ。

口

目

えさや木のしるをすうときは、口をつきだすよ。
クワガタムシと同じように、口はブラシのようになっているよ。口はしょっかくの間にあって、味は口にはえている毛でわかるんだ。

目は大きくて、上も下も見えるようになっているよ。
人間の目とちがって、六角形の小さな目が何千こも集まって、ひとつの目を作っているんだ。1メートル以上はなれると、ぼんやりとしか見えないんだよ。

しょっかく

羽

はさみのような形をしていて、自由にうごくよ。
鼻のやくめをしているんだ。どんなにかすかなにおいも、風の向きもわかるんだよ。

前羽は、体を守る役目もするよ。
どんな虫がおそってきても、かたい前羽があればへっちゃら。とぶときは、前羽の下にかくれている、やわらかい後ろ羽をひろげるよ。

おなか

おなかのよこで、いきをするんだ。
よく見ると、おなかにあながあいていて、右と左に9こずつあるんだ。カブトムシは、このあなでこきゅうをするんだよ。

足さきのツメで、木をしっかりつかむよ。
ツメはふたつにわかれているんだ。ツメとツメの間にあるブラシみたいなもので、かたさややわらかさがわかるんだ。

ツメ

25

カブトムシのくらし

カブトムシは、山おくよりも、人が近くにすんでいる林にいるよ。
10・11ページのクワガタムシの一日と、くらべてみるのもおもしろいよ。

朝になったら、土の中やおちばの下にもぐるよ。
太陽がのぼるころ、カブトムシは木のみきからおりてゆくよ。
そして土の中でゆっくり休むんだ。

おやすみなさい〜

あさ

ひる

午前中の林では見られないの？
ふつうは夜にかつどうするんだけど、たまに明るい林の中で見ることができるよ。夜のうちに木のしるをすえなかったカブトムシがいるんだ。

木のしるには、どんな虫が集まってくるの？
時間によってちがうんだ。朝早くから夕方までは、チョウやハチ、ハエなどがいるよ。夕方から明け方までは、ガやカミキリムシなどが集まってくるんだ。みんな食事の時間がちがうんだね。

26

おいしい木のしるは、とりあいになるんだ。

カブトムシは虫の王さま。力が強いから、一番いい場所にいるんだよ。
はんたいに小さな虫たちは、そのまわりで木のしるをすっているよ。

かた足をあげて、おしっこするんだよ。

おしりをちょっとうかして、かたほうの後ろ足をあげて、いきおいよくとばすよ。ちゃんと体にかからないようにしてるんだ。えらいよね。

よる

ゆうがた

う～ん
よくねた

日がしずむころになると、おきだすよ。

さあ、まちにまったごはんの時間だよ。
木のしるのにおいをかいで、木のみきにのぼってゆくよ。

カブトムシの活動はんい

夕方になると、土の中やおちばの下からはいだしてくるよ。

27

カブトムシの成長 ①

カブトムシは、一年の半分以上は、幼虫のすがたで土の中ですごしているよ。そしてつぎの夏になったころ、大人になるんだ。

夏

交び

木のしるが出る木で、オスがメスの上にのって交びをするよ。これは、タマゴをうむためなんだよ。

さんらん

秋

ふ化

2週間ぐらいたつと、幼虫が生まれたよ。まっ白だったけど、茶色にかわってきたよ。

タマゴ

夏のおわりごろ、メスは土の中にタマゴをうむよ。クワガタムシのタマゴより、ほんの少し大きいみたいだね。

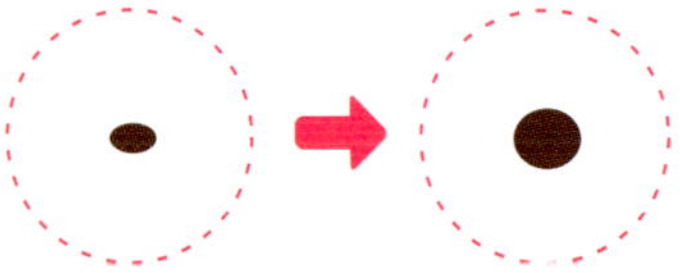

タマゴも大きくなるよ

うまれた直後の大きさ → ふ化直前の大きさ

（たまご〜幼虫）

大きくなってね

冬　春　夏

幼虫

1

まわりの土を食べて、どんどん大きくなるんだ。体をひねるようにして、皮をぬいでゆくよ。

※1れい幼虫のじっさいの大きさ

1回目のだっぴ

※2れい幼虫のじっさいの大きさ

2回目のだっぴ

※3れい幼虫のじっさいの大きさ

2

いっぱい食べて大きくなったよ。1か所に、たくさん見つかることもあるんだよ。

3

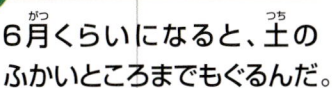

6月くらいになると、土のふかいところまでもぐるんだ。

よう化

体をくねらせて、まるいへやを作り、さなぎになるじゅんびをするんだ。そして、体がかさかさになりはじめるよ。

タマゴは一度にどのくらいうむの？

メスは一生のうちに、20〜30このタマゴをうむよ。でも、こん虫のなかでは少ない方なんだ。

カブトムシの成長 ②

夏

さなぎ

1 体をうごかして皮をぬぎ、しわがのびてさなぎになったよ。ツノがだんだんのびて、大人の形に近くなってきたね。

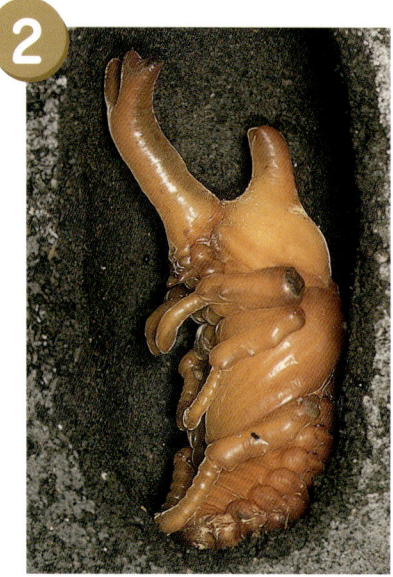

2 数時間たつと、体がかたまってくるんだ。白からオレンジ色に変わってゆくよ。

3 さなぎになって3週間ほどたったよ。大人の体がすけて見え、足がうごきだすよ。

4 足と、頭とむねの間の皮がやぶけたよ。大人の体がのぞいてきたよ。

あと少し！

5 足をゆっくりとうごかしながら、皮を後ろにしごくようにぬいでゆくよ。

（さなぎ〜成虫）

羽化

1 頭とむねは茶色だけれど、羽はまだ白いままだよ。後ろ羽ものびてきたね。

2 後ろ羽を、じょうずにたたみはじめるよ。前羽の色がだんだんこくなってゆくよ。

成虫

1 どんどん前羽が茶色にかわり、体もかたくなってきたよ。

大人のなかまいり！

2 数日したら、地上にはいだしてきたよ。もうりっぱな大人のカブトムシだね。

31

日本と世界のカブトムシずかん

世界には、珍しいカブトムシがいっぱいいるよ。すむところや、食べるものがちがうと、色や形もかわってくるんだね。

◀ コーカサスオオカブト
① 約120ミリ
② 東南アジア
③ 気があらく、力がとっても強いんだ。

◀ ヒメカブト
① 約75ミリ
② 東南アジア
③ よくケンカをするよ。タイでは「カブトムシずもう」がさかんなんだ。

世界一大きい

▲ ヘラクレスオオカブト
① 約165ミリ
② 中央、南アフリカ
③ かたなのように長いツノの下には、たてがみのような毛がはえているよ。

ゾウカブト ▶
① 約130ミリ
② メキシコ、コロンビア（中南米）
③ 大きいものは50グラムをこえる、世界で一番重いカブトムシなんだ。

日本のカブトムシは何種類いるの？

日本にはたった4種類しかいないんだ。カブトムシ（本州、四国、九州）、コカブトムシ（全国）、タイワンカブト（沖縄）、クロマルコガネ（トカラ列島）の4種類だよ。

カブトムシ

コカブトムシ

タイワンカブト

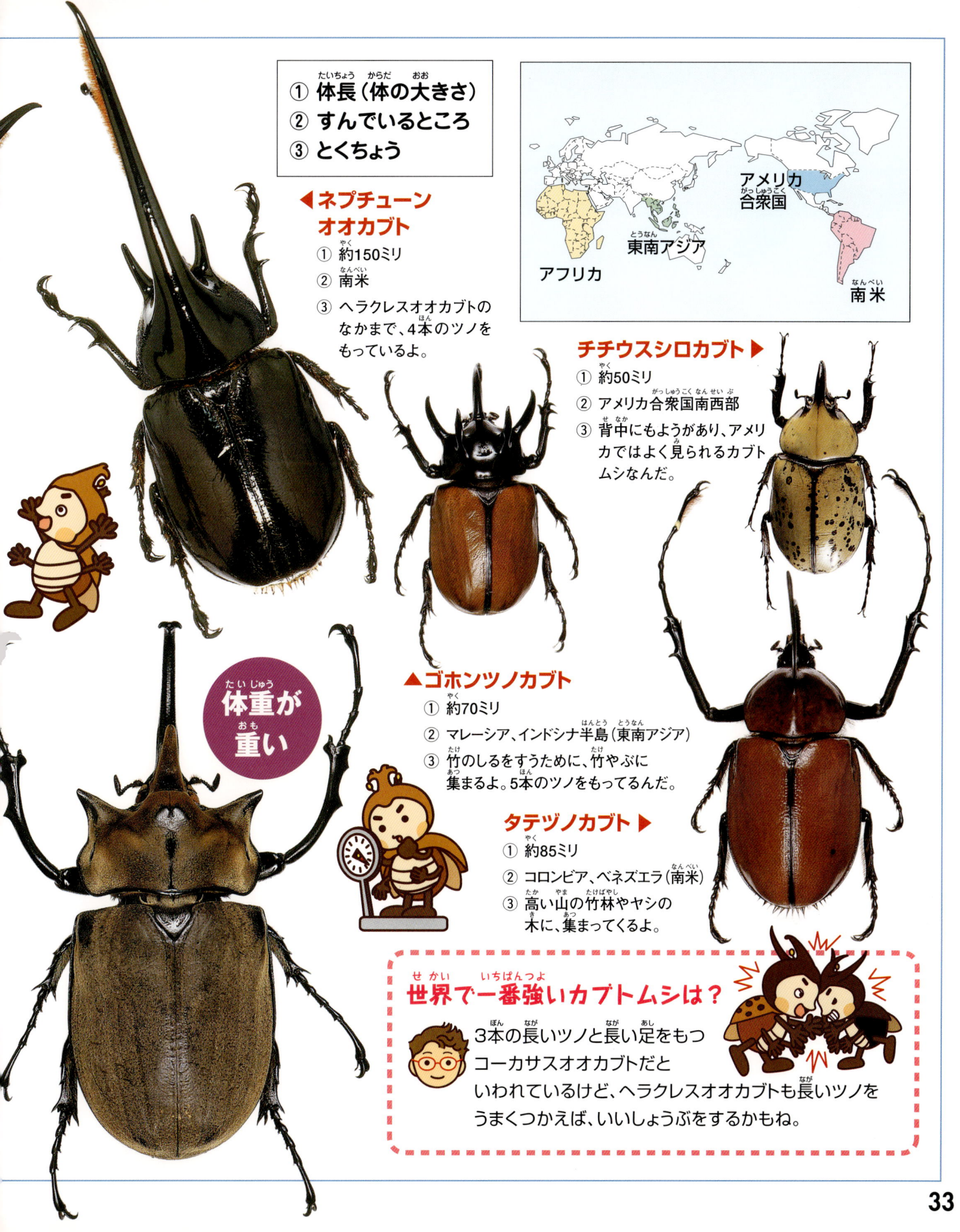

カブトムシびっくり情報

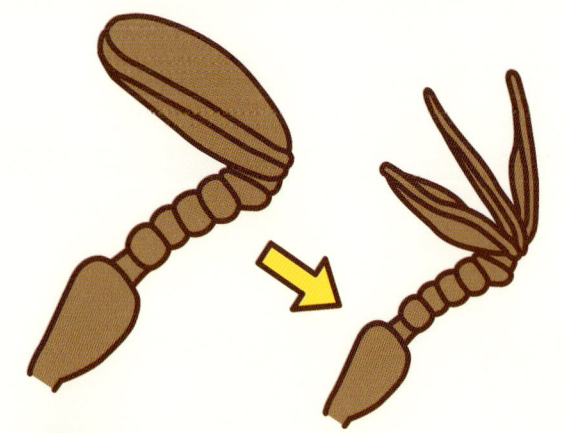

しょっかくは、とぶときに広げるよ。
まるでせんすのように大きく広げるんだ。においをかんじて、メスやえさのありかをさがすんだよ。

オスは、とっても力もちなんだよ。
足とツノの力で、自分の250倍の重さのものを、ひっぱることができるんだ。

すばやくうごかす、大きな羽。
とぶときは、とてもはやいスピードで後ろ羽をはばたかせるんだ。びっくりするくらい大きな音がするんだよ。1秒に2〜3メートルすすむよ。

さなぎのときは、ひとつのへやに一ぴき。
幼虫は、おたがいにぶつからないように、小アゴから音を出して、たしかめあっているんだ。

カブトムシのあまり知られていなかったり、びっくりするような話がいっぱい！
キミも「カブトムシはかせ」になろう！

**幼虫はもりもり食べて、すくすくそだつ。**
幼虫は、どんぶり3ばいぶんの土を食べるんだ。さなぎになるまでに、生まれたときの300倍の大きさになるんだよ。

**虫の王さまも、こわいものがある。**
鳥のミミズクや、イタチなどに食べられてしまうことがあるんだ。木のしるをすっているときは、とてもきけんな時間なんだよ。

**幼虫には目はないけど、するどいアゴがあるよ。**
くさった木や、土をかみくだいて食べるための、強いアゴがあるんだ。
幼虫は、木のしるはすわないよ。

**幼虫はフンをする。でもおしっこはしない。**
おしっこをするのは成虫だけなんだ。幼虫は一日に30回以上もフンをするよ。でも、さなぎのときはフンもおしっこもしないんだ。

クワガタムシやカブトムシの

クワガタムシやカブトムシは、ぞう木林でくらしているよ。
ぞう木林のどのあたりにいるのかな？
どんな木が好きなのかな？
ぞう木林をちょっとのぞいてみよう。

カブトムシの幼虫を、さがしてみよう。
シイタケをつくっていた木のすて場所や、くさった土の中などにいるんだ。でも、クワガタムシの幼虫は、くさった木の中にいることが多いんだよ。

ぞう木林ってどんなところ？
ぞうき林は、むかしの人がすみを作ったり、たきぎをとったりしていた林のことだよ。
だから山のおくではなくて、家の近くにあることが多いんだ。

すみか

虫たちは木のしるが出ているところに、集まってくるんだ。
だから、クワガタムシやカブトムシが好きな木をおぼえておくと出会えるよ。
葉っぱの形をよく見てごらん。少しずつちがうんだよ。

クヌギ
クワガタムシやカブトムシが一番好きな木だよ。とっても成長が早いんだ。

コナラ
クヌギの次にクワガタムシやカブトムシに人気があるんだ。

カシワ
みきが白っぽくて、表面がカサカサしているよ。

ぞう木林は季節によって、こんなに変わるんだよ。
虫たちがどんなくらしをしているのか、そうぞうしてごらん。

春
冬眠していた動物たちがうごき出す季節だよ。クワガタムシやカブトムシも外にはい出すじゅんびをしているんだ。

夏
一年のうちで一番にぎやかな季節だよ。虫たちも、ぞう木林の中をとび回ったり、歩き回ったりしているよ。

冬
寒くなると、クワガタムシやカブトムシたちは木のあなの中や土の下でじっとしているんだ。

秋
葉っぱは色づき、1枚1枚落ちていくよ。落ち葉は、やがてくさって「ふよう土」になるんだ。

37

こう虫のくらし ①

シロスジカミキリ　するどいアゴがじまんの虫

体長4〜5センチの、日本で一番大きいカミキリムシのなかまだよ。キーキーと、むねのヤスリのような部分をこすり合わせてなくんだ。

成長

シロスジカミキリのタマゴ
クヌギ、コナラ、クリなどの木のかわをかじってきずをつけ、1こずつタマゴをうみつけるんだ。

シロスジカミキリの幼虫
幼虫は「テッポウムシ」とよばれ、するどいアゴで木の中をあなをほってすすんでいくよ。成虫になるまで3年以上もかかるんだ。

クヌギの木のしんが、食べられてしまったよ。

クワガタムシやカブトムシのなかまたちをしょうかいするよ！

ナナホシテントウ
赤と黒のかわいい虫

きれいでしょ

黒い星のようなもようが7つあるので、ナナホシテントウとよばれるよ。
するどいアゴで植物にとって害になるアブラムシなどを食べてくれるので、人間にとっては役に立つ虫なんだ。

成長

交び

タマゴ
アブラムシのいる草や木にうみつけるよ。

幼虫
アブラムシを食べて大きくなるんだ。

さなぎ
背中の皮がわれて成虫になるよ。

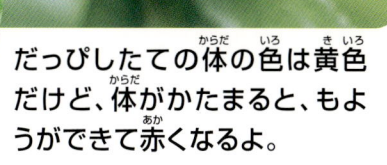

だっぴしたての体の色は黄色だけど、体がかたまると、もようができて赤くなるよ。

こう虫のくらし ②

ゲンジボタル　光でおはなしする虫

ゲンジボタルは、成虫だけなく、タマゴ、幼虫、さなぎの時も光を出すんだよ。成虫は光を出して、オスとメスどうしでおはなしするよ。

成長

ゲンジボタルのタマゴ
タマゴは、きれいな川の岸にあるコケにうみつけるよ。

カワニナ

ゲンジボタルの幼虫
幼虫は、カワニナなどのまき貝を食べてそだつんだ。成虫になると、水だけしか飲まないよ。ホタルのすめるきれいな川を守ろうね！

ヒメクロオトシブミ
葉っぱでゆりかごを作る虫

コナラ、クヌギなどの木のえだの先に、子どものためにゆりかごを作るんだよ。
口と足を上手に使って、葉っぱをまいていき、まん中にタマゴをうむよ。
このゆりかごは、タマゴを守る家になり、かえった幼虫の食べ物になるんだ。

成長

交び

タマゴ
葉っぱを半分にきってみると、ほら、まん中にタマゴがあるよ。

まきおわったら葉っぱのはしをおりこんで、ほどけないようにするんだ。

オトシブミの種類によって、ゆりかごは葉っぱにぶらさがっているものや、地面にころがっているものがあるんだよ。

日本のこう虫ずかん①

かたい前羽をもつこう虫のなかまは、日本にもたくさんいるよ。
葉っぱを食べるハムシ、花ふんを食べるハナムグリ、他のこん虫を食べる
オサムシなど、食べるものもしゅるいによってちがうんだよ。

◀ アカクビナガハムシ
① 約3.5ミリ
② 本州、九州
③ 赤かっ色の体をしているよ。

エノキハムシ ▶
① 約7.5〜8ミリ
② 本州〜九州
③ 植物の葉っぱや、くきなどを食べるんだ。

キクビアオハムシ ▶
① 約6〜8ミリ
② 北海道〜九州
③ むねが黄色く、前羽が緑色にかがやいています。

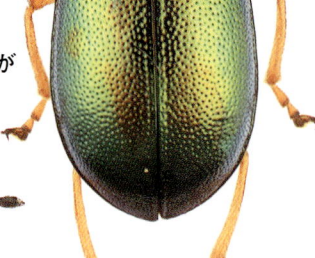

◀ アカガネサルハムシ
① 約8ミリ
② 北海道〜八重山諸島
③ ぶどうの葉っぱや、くきを食べるよ。

◀ イチモンジカメノコハムシ
① 約9ミリ
② 本州〜八重山諸島
③ 体のまわりがとう明になっているよ。

① 体長（体の大きさ）
② すんでいるところ
③ とくちょう

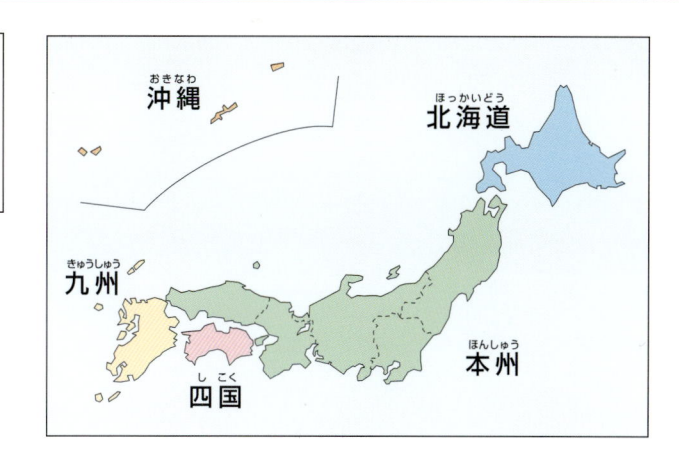

◀ オオセンチコガネ
① 約22ミリ
② 北海道〜屋久島、対馬
③ 動物のフンや死体に集まるよ。

コアオハナムグリ ▶
① 約10〜14ミリ
② 北海道〜九州
③ 花にあつまり、花ふんを食べます。

▲ アズキマメゾウムシ
① 約2〜3ミリ
② 本州〜九州
③ すばやくとぶゾウムシだよ。

▲ マメコガネ
① 約9〜13ミリ
② 北海道〜九州
③ いろいろな葉っぱを食べるよ。

◀ シロテンハナムグリ
① 約20〜25ミリ
② 本州、四国、九州、南西諸島
③ 木のしるや、じゅくした実に集まるよ。

43

日本のこう虫ずかん②

▼ゴマダラカミキリ
① 約25〜35ミリ
② 全国
③ イチジクやお茶の木に集まり、葉っぱを食べるので、人間にはきらわれているよ。

◀ハンミョウ
① 約20ミリ
② 本州、屋久島、対馬、沖縄
③ 地面を歩きながら、するどい大アゴでアリなどの虫を食べるよ。

▼ツチハンミョウ
① 約25〜40ミリ
② 北海道、本州、四国
③ 地上を歩き回り、幼虫はハナバチの巣に寄生するよ。

▲ルイスアシナガオトシブミ
① 約6ミリ
② 本州〜九州
③ 前足が長くて太いオトシブミだよ。

◀クリシギゾウムシ
① 約6〜10ミリ
② 本州、四国、九州
③ メスはクリのイガの上から口であなをあけて、タマゴをうむよ。

▲ラミーカミキリ
① 約10〜14ミリ
② 関東より西の本州、四国、九州
③ 葉っぱやくきをかじるよ。江戸時代の終わりに日本へやってきたんだ。

44

▼オオオサムシ
① 約27〜37ミリ
② 本州〜九州
③ 森や林にすみ、こん虫やミミズなどを食べるよ。

① 体長（体の大きさ）
② すんでいるところ
③ とくちょう

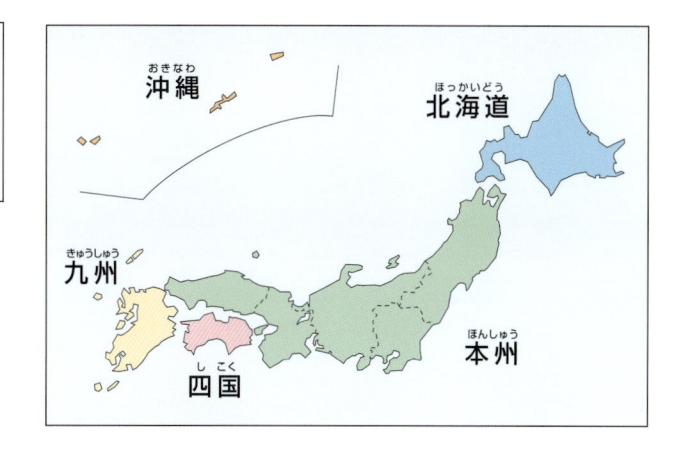

沖縄
北海道
九州
本州
四国

◀タマムシ
① 約40ミリ
② 本州〜屋久島、対馬
③ にじ色にかがやく細長い体をしているよ。

ジョウカイボン ▶
① 約14〜18ミリ
② 北海道〜九州
③ 体がやわらかく、花のみつやこん虫を食べるよ。

▼ゲンゴロウ
① 約36〜40ミリ
② 北海道〜九州
③ 池やぬまにすみ、およぎが上手でするどい大アゴで魚などを食べるよ。

▲ガムシ
① 約33〜40ミリ
② 北海道〜九州
③ およぐのはとくいではなくて、水中の水草などにつかまって進むよ。

45

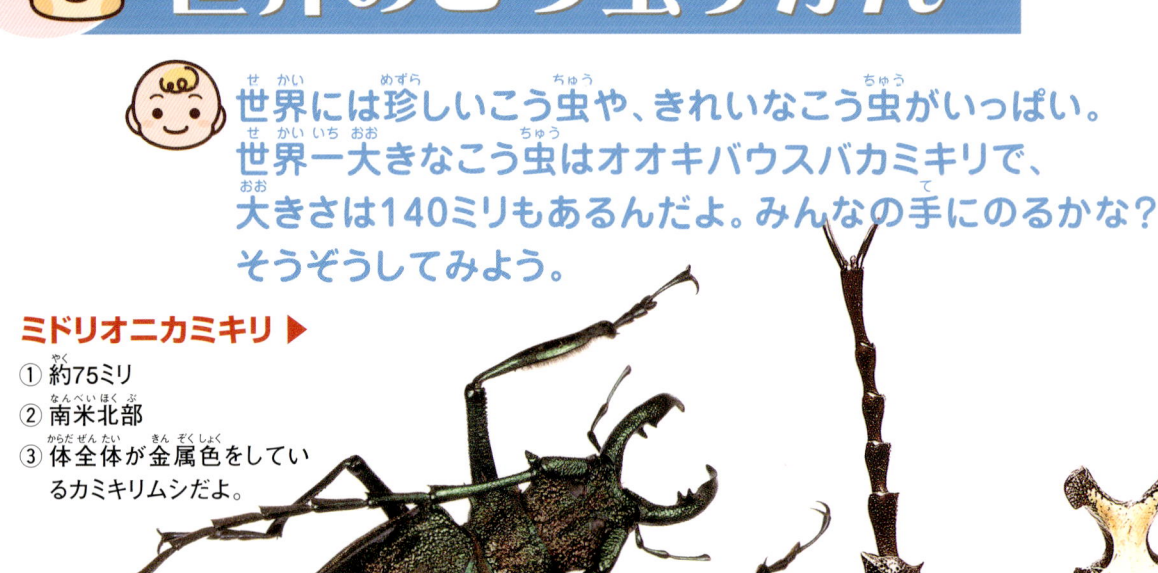

世界のこう虫ずかん

世界には珍しいこう虫や、きれいなこう虫がいっぱい。
世界一大きなこう虫はオオキバウスバカミキリで、
大きさは140ミリもあるんだよ。みんなの手にのるかな？
そうぞうしてみよう。

ミドリオニカミキリ ▶
① 約75ミリ
② 南米北部
③ 体全体が金属色をしているカミキリムシだよ。

▼ オオキバウスバカミキリ
① 約140ミリ
② ブラジル
③ 羽のもようがとてもきれいだよ。

▲ ゴライアス オオツノハナムグリ
① 約105ミリ
② アフリカ
③ 顔とむねに白いもようがある、世界一大きなハナムグリだよ。

① 体長（体の大きさ） ② すんでいるところ ③ とくちょう	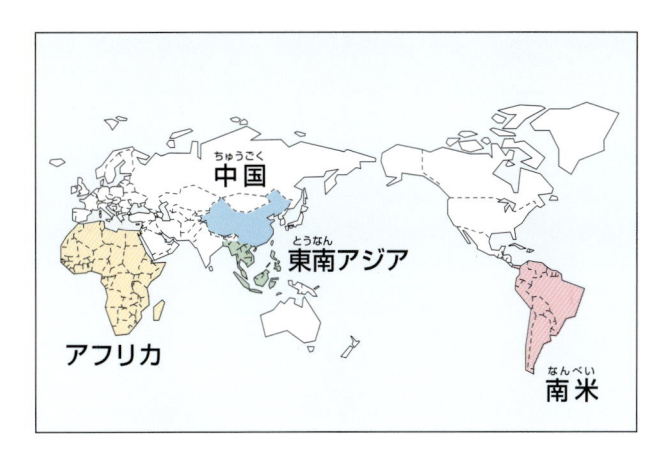 中国　東南アジア アフリカ　　　　南米

◀ **アフリカタマオシコガネ**
① 約30ミリ
② アフリカ
③ 動物のフンをころがして歩き、地面の中で、それを食べてしまうんだ。

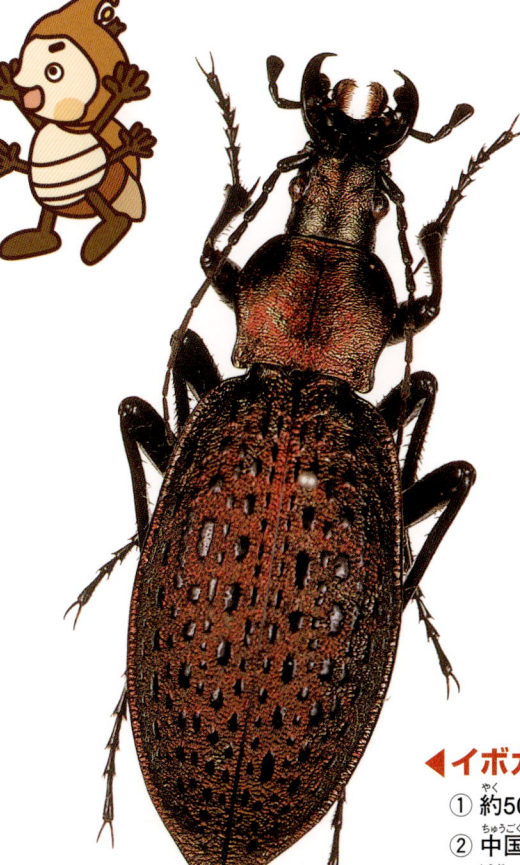

▲ **セラムドウナガテナガコガネ**
① 約70ミリ
② インドネシア セラム島（東南アジア）
③ 前足がとても長いコガネムシだよ。

◀ **イボカブリモドキ**
① 約50ミリ
② 中国、台湾（アジア）
③ 体にコブのようなものがついているよ。

47

クワガタムシとカブトムシの

クワガタムシやカブトムシが、ぞう木林にいるのはもうわかったね。朝早くか、夕方から夜にかけて出かけると見つけることができるよ。さあ、じゅんびをしてさがしにいこう！

服そうともち物

ぼうし
日よけや、安全のためにもかならずかぶろうね。

長そでシャツ
虫にさされないし、枝でけがをすることも少ないよ。

ぐん手
ケガをしたり、草木にかぶれたりしないよ。

長ズボン
ジーンズなどのうごきやすいズボンをはこうね。

うんどうぐつ
すべりにくくて、はきなれたくつをはこう。長ぐつでもいいよ。

クワガタムシをとるなら、木をかるくけってみよう。
落ちてきて死んだふりをするよ。カブトムシは、木の根っこや落ち葉の下にかくれていることがあるよ。

- 虫かご
- 虫とりあみ
- かいちゅうでんとう
- 長ぐつ
- 虫よけスプレー
- タオル
- スコップ

どんなふうに持てばいいの？
親指と人さし指で、むねの部分を背中からつまむといいよ。カブトムシをむりに木からはなそうとすると、足がとれてしまうこともあるんだ。そっと引っぱろうね。

こん虫さいしゅうに行くとき、注意することは？
ぞう木林でまよったらたいへんだよ。とくに夜は大人の人と行こうね。ヘビやハチなど、キケンな生き物もいるよ。ぜったい近づかないようにしよう！ゴミはすてないで、かならず持ってかえろうね。

48

つかまえ方、かい方

クワガタムシやカブトムシをかうには、プラスチックのしいくケースがいいよ。とう明だから、成虫のようすがかんさつできるんだ。

木ぎれ
ぞう木林でひろった木ぎれを1〜2本入れてあげよう。虫たちも安心するよ。

えさ
すいか
りんご
バナナ
なし
はちみつを水でうすめたもの

土やおがくず、落ち葉
木や落ち葉がくさってできた土（ふよう土）を10センチほど入れよう。ペットショップなどに売ってる、こん虫マットでもいいよ。

長生きさせるコツを教えて？

ケースの中には、できるだけオスとメスを一ぴきずつ入れよう。また、クワガタムシとカブトムシはいっしょにしないでおこう。ケンカをするからね。

幼虫をかうときは、どうすればいいの？

カブトムシの幼虫をかうときは、しいくケースにふよう土を、クワガタムシの幼虫をかうときは、くだいた木を、それぞれ20センチ以上入れよう。たくさん土や木を食べるから、ときどき新しいものにかえてあげようね。土がかわいていたら、きりふきで水をかけてあげよう。しめらせるくらいでいいよ。

あ と が き

　カブトムシやクワガタムシは、ぞう木林にすんでいます。それは、ぞう木林のなかに成虫の好きな樹液（木のしる）や幼虫の食べ物であるふ葉土があるからです。かれらにとって一番たいせつな場所がぞう木林であることがわかっていただけたでしょうか。それと、甲虫のなかまには、たくさんの種類がありましたね。すんでいる場所は、木の上、木の中、地面の上、水の中などいろいろです。これらのなかまは、外国にいるものをのぞくと、ぞう木林、田んぼ、小川など、とても身近なところにすんでいます。
　この本にでてくるなかまたちに会いに、自然のなかへでかけてもらえるとうれしいです。

今森光彦